水生动物防疫系列宣传图册（八）

——水产养殖动物疾病防控指南（试行）

农业农村部渔业渔政管理局
全国水产技术推广总站　编

U0332386

中国农业出版社
北　京

编 辑 委 员 会

序

　　近年来，各级渔业主管部门及水产技术推广机构、水生动物疫病预防控制机构、水产科研机构等围绕水产品稳产保供和水产养殖业高质量发展总体要求，通力协作，攻坚克难，全面加强水生动物疫病防控工作，为确保水产养殖业高质量发展和水产品有效供给发挥了重要的支撑保障作用。

　　但是我国水生动物防疫形势仍然不容乐观，根据《中国水生动物卫生状况报告》统计分析，近年来我国水产养殖因疾病造成的测算经济损失严重，大多数主要养殖种类都有疾病发生，且疾病种类多，新的不明疾病时有发生，疾病依然是水产养殖业健康安全发展的主要威胁。养殖生产者为防病滥用药物等化学品的行为还时有发生，给水产品质量安全、环境安全和生物安全带来极大隐患。

　　水生动物防疫工作任重道远，亟须加大力度宣传疫病防控相关法律法规，宣传源头防控、绿色防控、精准防控理念以及疫病防控管理和技术服务新模式等。为此，自2018年起，农业农村部渔业渔政管理局和全国水产技术推广总站启动了《水生动物防疫系列宣传图册》编撰出版工作，以期通过该系列宣传图册将我国水生动物防疫相关法律法规、方针政策以及绿色防病措施、科技成果等传播到疫病防控一线，提高从业人员素质，提升全国水生动物疫病防控能力和水平。

该系列宣传图册以我国现行水生动物防疫相关法律法规为依据，力求权威、科学、准确，并具有指导性和实用性，以图文并茂、通俗易懂的形式生动地展现给读者。

我们相信这套系列宣传图册将会对提升我国水生动物疫病防控水平，推进我国水生动物卫生事业发展，推动水产养殖业高质量发展起到积极作用。

谨此，向为系列宣传图册的顺利出版付出辛勤劳动的各位同事表示衷心的感谢！

《水生动物防疫系列宣传图册》编委会

2023年3月2日

前　言

　　为贯彻落实《中华人民共和国渔业法》《中华人民共和国动物防疫法》等要求，指导水产养殖主体加强对水产养殖动物疾病的防控，推进水产养殖业高质量发展，提高水产品稳产保供水平，2022年，农业农村部渔业渔政管理局会同全国水产技术推广总站制定了《水产养殖动物疾病防控指南（试行）》（以下简称《指南》）。

　　为依法规范开展水产养殖动物疾病防控工作，使广大从业者正确了解疾病防控常识，提升其对疾病的防控意识，减少因疾病带来的经济损失，我们编印了《水生动物防疫系列宣传图册（八）——水产养殖动物疾病防控指南（试行）》。图册介绍了《指南》的适用范围、制定依据，以及其中的术语和定义、疾病预防、疾病诊治、人员和档案管理、应急处置等方面知识，供有关方面参考。

　　由于编者水平有限，不足之处在所难免，敬请大家指正。

编　者

2023年3月

目　录

1 适用范围

本指南适用于我国水产养殖主体对水产养殖动物疾病防控的相关活动。

水产养殖主体 水产养殖动物

2 制定依据

《中华人民共和国渔业法》

《中华人民共和国动物防疫法》

《中华人民共和国农产品质量安全法》

《饲料和饲料添加剂管理条例》

《兽药管理条例》

《动物检疫管理办法》

《三类动物疫病防治规范》

《水生动物产地检疫采样技术规范》（SC/T 7103）

《水产养殖动植物疾病测报规范》（SC/T 7020）

《染疫水生动物无害化处理规程》（SC/T 7015）

3　术语和定义

水产养殖动物疾病：是指水产养殖动物受各种生物和非生物性因素的作用，而导致正常生命活动紊乱甚至死亡的异常生命活动过程。

水产养殖动物疫病：是指水产养殖动物传染病，包括寄生虫病。

水产养殖动物疾病

水产养殖动物疫病

4 疾病预防

4.1 养殖场区建设要求

养殖场区周围环境卫生良好，通风良好，环境温度和湿度适宜，无污染源。水源不受周边水产养殖场、水产品市场、水产品加工场所、水生动物隔离场所、无害化处理场所等影响，具备良好的水源条件。建设各自独立的各功能区进排水通道（开放养殖水体除外），避免交叉污染。

环境卫生良好　通风良好　温度适宜　湿度适宜　无污染源

4.2 消毒管理

建立消毒制度，科学规范开展消毒工作，对进排水、养殖场所（包括池塘）、运输工具、工器具、设施设备等进行消毒。具体方法参考世界动物卫生组织发布的《OIE水生动物卫生法典（2019）第22版》中的"水产养殖场

和设备消毒"（附录一）。

4.3 工器具管理

设有工器具存放处，已消毒工器具和未消毒工器具应分开摆放，并专区/池/桶专用。

4.4 养殖用水管理

　　各功能区的进排水应设立各自独立的通道（开放养殖水体除外），避免交叉污染。定期检测养殖水体的水质指标，如水温、pH、溶氧、氨氮、亚硝酸盐等。养殖尾水排放应符合有关要求，达标排放。

4.5 苗种引（购）入管理

　　水产养殖动物苗种（包括亲本、稚体、幼体、受精卵、发眼卵及其他遗传育种材料）引（购）入前，应查验检疫合格证明。运输至养殖场后直接进入隔离区，依据《动物检疫管理办法》，对引（购）入的亲本单独隔离饲养30天。

《动物检疫管理办法》2022年12月1日起实施。

第十七条 跨省、自治区、直辖市引进的乳用、种用动物到达输入地后，应当在隔离场或者饲养场内的隔离舍进行隔离观察，隔离期为30天。经隔离观察合格的，方可混群饲养；不合格的，按照有关规定进行处理。隔离观察合格后需要继续运输的，货主应当申报检疫，并取得动物检疫证明。

对引（购）入的水产养殖动物的稚体、幼体、受精卵、发眼卵及其他遗传育种材料，在单独饲养期间，进行至少2次规定疫病的检测，经检测确认无规定疫病病原后，方可移入场内其他区域。

隔离池实行"全进全出"的饲养模式，不得同时隔离两批（含）以上的水生动物。不同隔离批次之间，应对隔离池进行消毒处理。

4.6 苗种繁育管理

核心繁育区应设立亲本培育池、配种产卵池/桶、孵化池/桶、育苗池等，工器具专池/桶专用，对各池/桶水体有避免交叉污染措施。不同批次孵化幼体不得混合培育，不同批次培育的苗种不得混合养殖。

4.7 养殖动物管理

放养健康苗种，控制适宜的放养密度，使用优质配合饲料，保持水质稳定，按照相关规定使用疫苗。一旦发病，停止投喂，加开增氧机，不大量换水，不滥用消毒剂和驱虫杀虫等药物，并及时诊断。

4.8 饲料管理

饲料使用和保管应专人负责。饲料选购和使用应符合《饲料和饲料添加剂管理条例》等要求。对使用的生物饵料，应消毒或清洗，并每批次进行相关重要疫病病原检测。有阳性病原检出的批次应全部淘汰并进行无害化处理；经病原检疫合格的生物饵料，应进行分装，冷藏或冷冻保存于专用设施中。饲料存放处应保持清洁、干燥、阴凉、通风，防鼠、防虫、防高温。

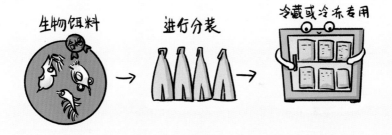

《饲料和饲料添加剂管理条例》2017年3月1日实施。

第二十五条　养殖者应当按照产品使用说明和注意事项使用饲料。在饲料或者动物饮用水中添加饲料添加剂的，应当符合饲料添加剂使用说明和注意事项的要求，遵守国务院农业行政主管部门制定的饲料添加剂安全使用规范。

养殖者使用自行配制的饲料的，应当遵守国务院农业行政主管部门制定的自行配制饲料使用规范，并不得对外提供自行配制的饲料。

使用限制使用的物质养殖动物的，应当遵守国务院农业行政主管部门的限制性规定。禁止在饲料、动物饮用水中添加国务院农业行政主管部门公布禁用的物质以及对人体具有直接或者潜在危害的其他物质，或者直接使用上述物质养殖动物。禁止在反刍动物饲料中添加乳和乳制品以外的动物源性成分。

第二十九条　禁止生产、经营、使用未取得新饲料、新饲料添加剂证书的新饲料、新饲料添加剂以及禁用的饲料、饲料添加剂。

禁止经营、使用无产品标签、无生产许可证、无产品质量标准、无产品质量检验合格证的饲料、饲料添加剂。禁止经营、使用无产品批准文号的饲料添加剂、添加剂预混合饲料。禁止经营、使用未取得饲料、饲料添加剂进口登记证的进口饲料、进口饲料添加剂。

第五十条　药物饲料添加剂的管理，依照《兽药管理条例》的规定执行。

《兽药管理条例》2020年3月27日实施。

第四十一条　国务院兽医行政管理部门，负责制定公布在饲料中允许添加的药物饲料添加剂品种目录。

禁止在饲料和动物饮用水中添加激素类药品和国务院兽医行政管理部门规定的其他禁用药品。

经批准可以在饲料中添加的兽药，应当由兽药生产企业制成药物饲料添加剂后方可添加。禁止将原料药直接添加到饲料及动物饮用水中或者直接饲喂动物。

禁止将人用药品用于动物。

4.9　药品管理

药品使用和保管应专人负责。药品选购和使用应符合《兽药管理条例》等要求。药品存放处应保持清洁、干燥、阴凉、通风，防止高温、受潮而影响质量。

《兽药管理条例》

第三十八条　兽药使用单位，应当遵守国务院兽医行政管理部门制定的兽药安全使用规定，并建立用药记录。

第三十九条　禁止使用假、劣兽药以及国务院兽医行政管理部门规定禁止使用的药品和其他化合物。禁止使用的药品和其他化合物目录由国务院兽医行政管理部门制定公布。

第四十七条　有下列情形之一的，为假兽药：

（一）以非兽药冒充兽药或者以他种兽药冒充此种兽药的；

（二）兽药所含成分的种类、名称与兽药国家标准不符合的。

有下列情形之一的，按照假兽药处理：

（一）国务院兽医行政管理部门规定禁止使用的；

（二）依照本条例规定应当经审查批准而未经审查批准即生产、进口的，或者依照本条例规定应当经抽查检验、审查核对而未经抽查检验、审查核对即销售、进口的；

（三）变质的；

（四）被污染的；

（五）所标明的适应证或者功能主治超出规定范围的。

第四十八条　有下列情形之一的，为劣兽药：

（一）成分含量不符合兽药国家标准或者不标明有效成分的；

（二）不标明或者更改有效期或者超过有效期的；

（三）不标明或者更改产品批号的；

（四）其他不符合兽药国家标准，但不属于假兽药的。

4.10 其他类投入品管理

其他类投入品使用和保管应专人负责。其他类投入品使用应符合国家有关规定或相关标准要求。

4.11 媒介生物管理

有对媒介生物，如野外水生动物、工作动物（如犬等）、鸟类和昆虫等传播病原风险的预防设施。有阻止野外水生动物通过水系统进入场区的设施。工作动物在限定范围内活动和喂养。必要时在户外蓄水池、养殖池或尾水处理池设置阻鸟的设施。设置阻止老鼠、昆虫及其他有害动物进入场区的设施。

养殖池

4.12　疾病监测

　　养殖场应定期开展水产养殖动物疾病监测和检测。有条件的应主动纳入国家级或省级水生动物疫病监测计划，或纳入全国水产养殖动植物疾病测报范畴。

疾病检测

《中华人民共和国动物防疫法》

第十九条　国家实行动物疫病监测和疫情预警制度。

县级以上人民政府建立健全动物疫病监测网络，加强动物疫病监测。

国务院农业农村主管部门会同国务院有关部门制定国家动物疫病监测计划。省、自治区、直辖市人民政府农业农村主管部门根据国家动物疫病监测计划，制定本行政区域的动物疫病监测计划。

动物疫病预防控制机构按照国务院农业农村主管部门的规定和动物疫病监测计划，对动物疫病的发生、流行等情况进行监测；从事动物饲养、屠宰、经营、隔离、运输以及动物产品生产、经营、加工、贮藏、无害化处理等活动的单位和个人不得拒绝或者阻碍。

国务院农业农村主管部门和省、自治区、直辖市人民政府农业农村主管部门根据对动物疫病发生、流行趋势的预测，及时发出动物疫情预警。地方各级人民政府接到动物疫情预警后，应当及时采取预防、控制措施。

《水产养殖动植物疾病测报规范》（SC/T 7020—2016，2017年4月1日实施）

3.1水产养殖动植物疾病测报　对水产养殖动植物疾病发生情况进行监测，并结合生产实际和历史监测资料进行分析，对疾病未来发生及危害趋势作出预报的过程，简称测报。

4.2　组织、实施机构

全国水产技术推广总站为全国水产养殖动植物疾病测报工作的组织、实施机构，负责统一组织、实施全国水产养殖动植物疾病测报工作。

县级以上水产技术推广机构或水生动物疫病预防控制机构为辖区内水产养殖动植物疾病测报工作的组织、实施机构，负责组织、实施辖区内水产养殖动植物疾病测报工作。

5 疾病诊治

　　经临床诊断、流行病学调查或实验室检测确诊后，采取相应措施对患病动物进行治疗。

　　对于需使用抗菌药、抗病毒药、驱虫和杀虫剂、消毒剂等进行治疗，且为处方药的，需由执业兽医开具处方，并符合《兽药管理条例》等要求。严格执行用药时间、剂量、疗程、休药期等规定，建立用药记录。

《中华人民共和国动物防疫法》

第三条　本法所称动物疫病，是指动物传染病，包括寄生虫病。

第四条　根据动物疫病对养殖业生产和人体健康的危害程度，本法规定的动物疫病分为下列三类。

动物疫病具体病种名录由国务院农业农村主管部门制定并公布。

（一）一类疫病，是指口蹄疫、非洲猪瘟、高致病性禽流感等对人、动物构成特别严重危害，可能造成重大经济损失和社会影响，需要采取紧急、严厉的强制预防、控制等措施的；

（二）二类疫病，是指狂犬病、布鲁氏菌病、草鱼出血病等对人、动物构成严重危害，可能造成较大经济损失和社会影响，需要采取严格预防、控制等措施的；

（三）三类疫病，是指大肠杆菌病、禽结核病、鳖腮腺炎病等常见多发，对人、动物构成危害，可能造成一定程度的经济损失和社会影响，需要及时预防、控制的。

第四十一条　发生三类动物疫病时，所在地县级、乡级人民政府应当按照国务院农业农村主管部门的规定组织防治。

《一、二、三类动物疫病病种名录》（2022年6月23日 中华人民共和国农业农村部公告第573号发布）

二类水生动物疫病：

鱼类病（11种）：鲤春病毒血症、草鱼出血病、传染性脾肾坏死病、锦鲤疱疹病毒病、刺激隐核虫病、淡水鱼细菌性败血症、病毒性神经坏死病、传染性造血器官坏死病、流行性溃疡综合征、鲫造血器官坏死病、鲤浮肿病。

甲壳类病（3种）：白斑综合征、十足目虹彩病毒病、虾肝肠胞虫病。

三类水生动物疫病：

鱼类病（11种）：真鲷虹彩病毒病、传染性胰脏坏死病、牙鲆弹状病毒病、鱼爱德华氏菌病、链球菌病、细菌性肾病、杀鲑气单胞菌病、小瓜虫病、黏孢子虫病、三代虫病、指环虫病。

甲壳类病（5种）：黄头病、桃拉综合征、传染性皮下和造血组织坏死病、急性肝胰腺坏死病、河蟹螺原体病

贝类病（3种）：鲍疱疹病毒病、奥尔森派琴虫病、牡蛎疱疹病毒病。

两栖与爬行类病（3种）：两栖类蛙虹彩病毒病、鳖鳃腺炎病、蛙脑膜炎败血症。

《三类动物疫病防治规范》（2022年6月23日实施）

本规范所指三类动物疫病是《一、二、三类动物疫病病种名录》（中华人民共和国农业农村部公告第573号发布）中所列的三类动物疫病。

本规范规定了三类动物疫病的预防、疫情报告及疫病诊治要求。

本规范适用于中华人民共和国境内三类动物疫病防

治的相关活动。

《兽药管理条例》

第四十条有休药期规定的兽药用于食用动物时，饲养者应当向购买者或者屠宰者提供准确、真实的用药记录；购买者或者屠宰者应当确保动物及其产品在用药期、休药期内不被用于食品消费。

6 人员和档案管理

　　建立人员管理制度，明确管理人员和技术人员等工作人员岗位职责要求。养殖技术人员定期接受培训。

　　建立水产养殖管理档案，将水产养殖动物的引（购）入、隔离检疫、繁育，消毒，药品和饲料使用，疾病监测，无害化处理以及苗种销售等重要生产环节详细记录在案，归档保存2年以上。

管理人员　　　　技术人员

7 应急处置

制定应急预案，建立应急处置制度，对疫情及异常情况要实施快速报告和响应措施。

出现水生动物疫病病原检测阳性，感染或疑似感染传染性病原并出现大量死亡，以及不明原因出现大量死亡时，应按照《中华人民共和国动物防疫法》《水产养殖动植物疾病测报规范》等要求，逐级上报，启动应急预案，采取隔离等控制措施，防止疫情扩散。同时对上述养殖水生动物（尸体）、养殖场所以及养殖水体等按照《染疫水生动物无害化处理规程》进行无害化处理。

《中华人民共和国动物防疫法》

第三十八条　发生一类动物疫病时，应当采取下列控制措施：

（一）所在地县级以上地方人民政府农业农村主管部门应当立即派人到现场，划定疫点、疫区、受威胁区，调查疫源，及时报请本级人民政府对疫区实行封锁。疫区范围涉及两个以上行政区域的，由有关行政区域共同的上一级人民政府对疫区实行封锁，或者由各有关行政区域的上一级人民政府共同对疫区实行封锁。必要时，上级人民政府可以责成下级人民政府对疫区实行封锁。

（二）县级以上地方人民政府应当立即组织有关部门和单位采取封锁、隔离、扑杀、销毁、消毒、无害化处理、紧急免疫接种等强制性措施。

（三）在封锁期间，禁止染疫、疑似染疫和易感染的动物、动物产品流出疫区，禁止非疫区的易感染动物进入疫区，并根据需要对出入疫区的人员、运输工具及有关物品采取消毒和其他限制性措施。

第三十九条　发生二类动物疫病时，应当采取下列控制措施：

（一）所在地县级以上地方人民政府农业农村主管部门应当划定疫点、疫区、受威胁区。

（二）县级以上地方人民政府根据需要组织有关部门和单位采取隔离、扑杀、销毁、消毒、无害化处理、紧急免疫接种、限制易感染的动物和动物产品及有关物品出入等措施。

第四十条　疫点、疫区、受威胁区的撤销和疫区封锁的解除，按照国务院农业农村主管部门规定的标准和程序评估后，由原决定机关决定并宣布。

第四十二条　二、三类动物疫病呈暴发性流行时，按照一类动物疫病处理。

第八十三条　县级以上人民政府按照本级政府职责，将动物疫病的监测、预防、控制、净化、消灭，动物、动物产品的检疫和病死动物的无害化处理，以及监督管理所需经费纳入本级预算。

省、自治区、直辖市人民政府农业农村主管部门根据国家动物疫病监测计划，制定本行政区域的动物疫病监测计划。

《水产养殖动植物疾病测报规范》(SC/T 7020—2016，2017年4月1日实施)

7.3　专报　当监测区域发生疑似新发病例或重大疾病时，测报员应立即向所在地的县级测报组织、实施机构报告，并填写新发病例和水产养殖动植物重大疾病紧急报送表，逐级上报至全国水产技术推广总站，或测报员及时通过"全国水产养殖动植物病情测报系统"上报。

《染疫水生动物无害化处理规程》(SC/T 7015—2011)已于2023年3月1日废止，由《病死水生动物及病害水生动物产品无害化处理规范》(SC/T 7015—2022，2022年11月11日发布，2023年3月1日实施)替代。

少量病死水生动物、病害水生动物产品，可采用高温法进行无害化处理。

疫情暴发等原因产生的大量病死水生动物、病害水生动物产品，需要集中处理时，可由县级以上地方人民政府根据当地具体情况和实际条件，组织有关部门和单位采用以下方法：深埋法、焚烧法、化尸池法、化学处理法。

附录1 《OIE水生动物卫生法典（2019）第22版》中有关水产养殖场和设备消毒的要求

第 4.3 章　水产养殖场和设备消毒

第4.3.1条

目的

为规划和实施消毒程序提供建议，防止病原体的引入、定植或传播。

第4.3.2条

范围

本章介绍了关于在日常生物安保工作和紧急应对过程中对水产养殖场和设备进行消毒的建议，为消毒工作的基本原则、规划和实施消毒方案提供指导。

关于病原体灭活的具体方法，请参阅《水生手册》*疫病章节。

第4.3.3条

说明

消毒是一种水产养殖防疫手段，也是一项生物安保措施，主要用于防止水产养殖场或生物安全隔离区输入或输出目标病原体并传播。在紧急应对疫情期间，实施消毒措施可用于维持疫病控制区的状态，以及在感染水产养殖场中消灭疫情（扑杀程序）。消毒策略的选择和执行取决于消毒目的。

　　＊　《水生手册》指的是《OIE水生动物诊断试验手册》。——编者注

防止病原体传播应尽可能通过切断传播途径而不是消毒。例如，难以消毒的物品（如手套、潜水和捕捞设备、绳索和网）应专门用于特定场所，而不是加以消毒后在生产单位或水产养殖场之间流动使用。

第4.3.4条

一般原则

消毒是使用物理和化学手段去除有机物质、破坏或灭活病原体的结构化程序，应包括规划和实施两个阶段，并需考虑到潜在的方案选择、效果和风险。

消毒方案的选择取决于预防、控制或根除疫病的总体目标。根除疫病通常需将所有水生动物清塘，并对水产养殖场和设备消毒，而控制疫病则以限制疫病在养殖场内和养殖场之间传播为主。尽管不同目标可采用不同方法，但下述一般原则适用于所有情况。

1）消毒程序应包括以下阶段：

a）清洁和洗涤

首先需清洁物品表面和设备，清除固体废物、有机物（包括生物污垢）和化学残留物，这些物质可能会降低消毒剂的功效。清洁剂也可分解生物膜。所用清洁剂应与消毒剂、待处理物品表面相适宜。清洁后应排干多余的水。施用消毒剂前应对所有物品表面和设备进行检查，确保没有残余有机物。

处理水时，水中悬浮固体也可能会降低某些消毒剂的功效，应通过过滤、沉降、凝结或絮凝等多种方法加以去除。

生物膜（通常又称为黏液）是附着在物体表面的微生物和胞外聚合物薄膜，生物膜会使消毒剂对嵌入物体表面的微生物失去作用。为达到消毒效果，施用消毒剂前需进行清洁和洗涤以去除生物膜。

对产生的所有废物应以生物安保方式进行处理，因为其中可能含有活性病原体，如不加以控制，有可能造成感染传播。

b）施用消毒剂

在该阶段使用适用的化学化合物或采用物理过程灭活病原体。

应考虑需消毒的材料类型和消毒剂的使用方式。坚硬的非渗透性材料（如抛光金属表面、塑料和涂漆混凝土）可与消毒剂直接接触而易彻底清洁，传染物很少残留在缝隙中。物体表面如受到腐蚀出现凹陷或油漆剥落，则会降低消毒效果，因此需维护物品表面和设备。消毒渗透性表面和材料（如编织材料、网和土壤）因表面积较大，化学品不易渗透，且可能存在残余有机物质，需较高浓度的消毒剂，并加长作用时间。

所选方法应确保所有物品表面在规定作用时间内与消毒剂充分接触。应有规律地添加消毒剂（如采用网格方式），确保物品表面被覆盖充分，消毒剂作用时间充足。操作时应从上至下，并从低污染区域向高污染区域依次进行。某些设备仅需用消毒剂冲洗表面即可。对垂直表面进行消毒应注意确保在消毒剂流干之前消毒作用时间足够，并可能需再次消毒或添加相容的发泡剂，增加物品表面对消毒剂的附着力。

管道和生物过滤器消毒应使管腔内充满消毒剂溶液，与材料所有表面充分接触。不易接触的部位和复杂设备需采用熏蒸或雾化法进行消毒。

c）清除或灭活消毒剂

为避免对水生动物产生毒性、腐蚀设备和环境污染，需清除或灭活化学残留物。方法包括：冲洗表面、稀释至可接受的水平、化学制剂灭活处理等，或空置一段时间，使活性化合物失活或消散。这些方法可单独使用或联合使用。

2）应按照相关法规使用消毒剂。消毒剂可能对人类、水生动物和环境卫生构成风险，应按照规定和制造厂家的说明储存、使用和处理化学消毒剂。

3）对消毒应进行有效管理，保证消毒剂剂量符合标准，确保消毒效果。根据不同的消毒工艺和目标病原体，可采用不同的消毒管理方式。例如测定活性剂含量（如残余氯含量），或通过指示剂反应（如监测氧化还原反应）间接测量活性剂含量，或使用指示细菌（如异养细菌平板计数）测量消毒效果。

对于进行了排塘和消毒的养殖场所，可考虑在重新养殖前使用哨兵群。哨兵群应对病原体易感，且应暴露在如存在病原体则利于表现出临诊症状的条件下。

4）水产养殖场所应保存消毒过程记录，记录详略程度应足以进行消毒方案评估。

第4.3.5条

规划

应制定一项消毒计划，其中包括传播途径评估、待消毒材料类型、需灭活病原体、卫生安全防控措施以及进行消毒的环境，还应包括确定消毒效果的机制。应定期审查消毒计划，确保消毒过程的有效和高效。对消毒计划的任何更改也应记录。

进行规划时应评估消毒最有效的关键控制点。依据病原体传播的潜在途径和污染的相对可能性来制定消毒优先事项。为了对含有病媒的设施（如池塘）进行有效消毒，应在消毒过程中排除、清除或销毁病媒。

如可行，应编制消毒物品清单，对建筑材料、表面孔隙率、耐化学品性进行评估，并考虑是否便于消毒，然后针对每个物品确定消毒方法。

消毒前应评估每种设备所需清洁程度。如出现固体和颗粒物重度污垢，应特别注意清洁过程和所需资源。物理或化学清洁工艺应与消毒剂相匹配。

应根据待处理的物品类型和数量以及如何管理废物，对人员、设备和需消毒的材料进行评估。

在规划阶段应考虑控制水流和水量的能力，这取决于养殖场类型（再循环、流动和开放系统）。可参照本法典第4.3.11条所述各种方法对水进行消毒。

第4.3.6条

紧急应对行动中的消毒问题

消毒是紧急应对行动的重要组成部分，用以支持疫病控制工作，如染疫养殖场的隔离检疫和扑杀措施等。紧急应对行动中采用的消毒方法不同于常规生物安保措施中使用的方法，这是因为疫病风险水平高（重大疫情），存在高载量病原体、大量潜在的感染水生动物和废物，以及有大面积需消毒区域和大量受污染的水。制订消毒计划时应考虑到这些情况，将风险评估和消毒效果管理方法纳入其中。

紧急应对行动应侧重于阻断传播途径，而不是依靠消毒。除非已进行有效消毒，否则不应将设备从感染场移出。在某些情况下，难以消毒或污染可能性大的器材可能需以生物安保的方式处理，而不是消毒。

第4.3.7条

消毒剂种类

水产养殖常用的消毒剂种类如下：

1.氧化剂

大部分氧化剂作用相对较快，对多种微生物是有效的消毒剂。氧化剂易被有机物灭活，因此应在有效清洁后使用。由于有机物会消耗氧化剂，氧化剂的初始浓度（负荷剂量）可能会迅速下降，使有效剂量（残留剂量）难以预测。因此，应持续检查残留剂量水平，确保在规定时间内将氧化剂浓度保持在最低有效浓度之上。

氧化剂可能对水生动物有毒，使用完毕后应将氧化剂清除或灭活。

常见氧化剂包括氯化合物、氯胺-T、碘分子、过氧化合物、二氧化氯和臭氧。

2.pH调节剂（碱和酸）

调节pH可通过碱性或酸性化合物。使用pH调节剂的优点包括易于确定浓度，不会被有机物灭活，还可用于其他消毒剂无法使用的地方，如管道或生物过滤器表面。

3.醛

醛类的作用是使蛋白质变性。甲醛和戊二醛是水产养殖场消毒常使用的醛类化合物，对多种生物体均非常有效，但消毒接触时间较长。醛类在有机物存在下仍保持活性，腐蚀性微弱。戊二醛是用于冷消毒的液体灭菌剂，特别适用于不耐热的设备。甲醛是适用于雾化或熏蒸消毒的消毒剂。

4.双胍类

在多种双胍类中，最常用的是氯己定。这类消毒剂在硬水或碱性水中无效，对许多病原体的消毒效果也不如其他类型消毒剂。但这些化合物相对来说无腐蚀性，比较安全，因此常用于皮肤表面和精密仪器的消毒。

5.季铵化合物（QACs）

季铵化合物的生物杀伤力易变且具有选择性。它们对一些植物细菌和真菌有效，但对所有病毒无效。季铵化合物对革兰氏阳性菌作用力强，对革兰氏阴性菌作用缓慢（一些菌株还表现出抗性），对孢子无效。季铵化合物的优点是无腐蚀性，并具有增强与表面接触的润湿性能。季铵化合物可能对水生动物有毒，应在消毒完毕后将其从表面清除。

6.紫外线（UV）照射

对于水产养殖场可控制水流的再循环系统或流水系统，紫外线照射是处理进出水的可行方案。使用紫外线照射应首先将水过滤，因为水中悬浮杂质会降低紫外线的强度，而使消毒效果降低。

7.热处理

病原体对热处理的敏感性差异很大。在大多数情况下，湿热比干热更有效。

8.干燥

干燥对于敏感病原体可能是有效消毒措施，可用于不适用其他消毒方法的情况下，或作为其他消毒方法的辅助方法。

如物品可完全脱水，干燥便是一种消毒方法，因为完全脱水可杀死多种病原体。但在某些情况下，水分含量可能难以监测，有效性会因温度和湿度等环境条件的不同而异。

9.联合消毒法

联合使用具有协同作用的不同消毒方法，可更有效地灭活病原体。例如：

a）阳光直射结合干燥作为联合消毒法具有三种潜在的消毒作用，即紫外线照射、加热和干燥。该方法没有成本，可在其他方法之后使用；

b）臭氧和紫外线照射经常联合使用，其作用方式不同且可相互促进。紫外线照射还具有去除水中臭氧残留物的优点。

化学试剂或洗涤剂同时使用可能会发生拮抗作用。

第4.3.8条

消毒剂选择

选择消毒剂应考虑以下几点：

——对病原体的功效；

——有效浓度和接触时间；

——测定有效性的能力；

——需消毒物品的性质和受损可能性；

——与用水类型（如淡水、硬水或海水）相匹配；

——是否具备消毒剂和设备；

——易于使用；

——有机物去除能力；

——成本；

——残留物对水生动物和环境的影响；

——工作人员的安全。

第4.3.9条

水产养殖场和设备的类型

水产养殖场和设备各具特点，差别很大。以下介绍关于有效消毒不同类型水产养殖场和设备的注意事项。

1.池塘

池塘一般很大，底部常是土质或有塑料衬垫，水量大，使消毒前的清洁工作非常困难，且高含量有机物也会影响许多化学消毒剂的效力。消毒前应将池塘中的水排干，并尽可能去除有机物。水和有机物应以生物安保的方式进行消毒处理。土质池应彻底干燥，施用石灰化合物提高pH，帮助灭活病原体。对无衬垫的池塘进行塘底翻耕，也有助于石灰化合物混合和干燥。

2.水箱

所用消毒方法类型取决于水箱材质（如玻璃纤维、混凝土或塑料）。无涂层混凝土水箱容易受到酸的腐蚀和高压喷雾器的潜在损害。这类水箱多孔，因此需与化学品作用更长时间来确保消毒效果。塑料、油漆和玻璃纤维水箱更易消毒，因为其表面光滑无孔，便于彻底清洁，且耐大多数化学品腐蚀。

消毒前应将水箱中的水排干，尽可能去除有机物。水和有机物应以生物安保的方式进行消毒。箱式设备应拆下单独清洁和消毒，并清除所有有机废物和杂质。水箱表面清洗应使用高压喷雾器或清洁剂机械擦洗设备，去除藻类和生物膜等污垢。可使用热水增强清洁效果。使用消毒剂前应将多余清洁用水排出，并进行消毒或以生物安保的方式处理。

消毒垂直表面时，应注意确保消毒剂作用时间充足。消毒后应冲洗水箱，除去所有残留物并使其完全干燥。

3.管道

由于很难接触管道内部，管道消毒可能会很困难。选择消毒方法时应考虑管道材质。

清洁管道可使用碱性/酸性溶液或泡沫抛射管清洁系统。为保证清洁效果，必须除去生物膜，然后冲掉产生的颗粒物并彻底清洗。

管道清洁完毕后，可使用化学消毒剂或热水循环处理。所有步骤均需将管道完全充满以处理内表面。

4.笼网和其他纤维材料

网箱养殖的网具通常很大，难以处理。通常由易挂住有机物和水分的纤维材料制成，有大量生物污垢。网具因受污染可能性大且难以消毒，应专用于某水产养殖场或某区域。

把网具从水中取出后应直接运送到清洗地点。消毒前应彻底清洁网具，去除有机物质，利于化学消毒剂渗透。网具清洁最好先去除粗糙生物污垢，再用清洁剂清洗。水和有机物应以生物安保的方式处理。

清洁后可将网具完全浸入化学消毒剂或热水中消毒。作用时间应足以使消毒剂或热水渗透到网材中。此过程可能会对网的强度产生不利影响。决定应用何种处理方法须考虑到这一点，以确保网具完好。消毒后，应在网具充分干燥后再储存，因为如果把未干透的网卷起来储存，剩余水分会增加病原体存活概率。

其他纤维材料如木材、绳索和浸渍网具有与笼网类似的特征，对这类设备消毒需特别注意。如可能的话，建议定点使用含纤维材料的设备。

5.车辆

车辆污染的可能性取决于其用途，例如，运输死亡水生动物、活水生动物、捕捞的水生动物。所有可能受污染的内部和外部表面均应消毒。应特别注意可能受污染的部位，如容器和管道的内表面、运输水和废弃物等。应避免对车辆使用腐蚀性消毒剂，如果使用腐蚀性消毒剂，消毒后应彻底冲洗，去除腐蚀性残留物。基于氯化合物的氧化剂类消毒剂是最常用的车辆消毒剂。

应对所有船只进行常规消毒，确保不会传播病原体。船的污染程度取决于其用途。用于捕捞或从水产养殖场运走死亡水生动物的船只应被视为污染可能性极高。应定期清除甲板和工作区的有机物质。

确定可能受污染的区域（例如机器内部和周围、储水箱、舱底和管道）应作为消毒计划的一个步骤。所有可拆卸的设备均应拆下，与船体分开进行清洗和消毒。对于运送活鱼的船只还应制定额外的消毒程序，船只排放污水前应先进行消毒（参见第4.3.11条），否则排放出受污染的水可能会导致病原体传播。

如可能，应将船只停靠在陆地或干船坞进行消毒，以限制废水流入水生环境，且易于消毒人员接近船体和目标区域。应去除可作为病原体媒介的污染生物和污染物。

如果船只不能停靠在陆地或干船坞，应尽可能选择避免将有毒化学品排入水生环境的消毒方法。潜水员应检查和清理船体。在适当的情况下，可考虑使用机械方法（如高压喷雾器或蒸汽清洁器）替代化学消毒法，在水线以上和以下进行清洁。大面积区域如可充分密封，也可考虑熏蒸。

6.建筑

水产养殖场所包括用于养殖、捕捞、加工水生动物的场所以及其他与饲料和设备储存相关的建筑物。

根据建筑物的结构和与受污染材料及设备接触的程度，消毒方法会有所不同。

建筑物的设计应能允许进行有效清洁，并可对所有内表面使用消毒剂进行彻底消毒。一些建筑物内有难以消毒的复杂管道、机器和储罐系统，消毒前应尽可能清除建筑物内的杂物并清空设备。

雾化剂或发泡剂可用于复杂区域和垂直表面的消毒。建筑物如可充分密封，可考虑对大面积或难以进入的区域进行熏蒸消毒。

7.容器

容器包括简单塑料箱（运输捕捞出水的水生动物或死亡水生动物）和运输活水生动物的复杂水箱系统。

容器材质通常是易于消毒的光滑无孔材料（如塑料、不锈钢）。容器因与水生动物或其产品（如血液、患病水生动物）直接接触，所以应被视为高风险物品。此外，容器在不同地点间移动，因而成为病原体传播的潜在因素。如运输活水生动物，容器也可能装有管道和泵送系统以及密闭空间，均应加以消毒。

应从容器中排出所有的水，用清水将容器中的水生动物、粪便和其他有机物质冲掉，并以生物安保的方式进行处理。应检查和冲洗所有的管道和泵，然后用合适的化学清洁剂结合高压水清洗机或机械刮擦清洗容器。

容器的所有内外表面应使用适当的消毒方法进行处理，随后冲洗并检查，确保没有有机残留物，储存方式应利于快速排干水和干燥。

8.生物过滤器

封闭或半封闭水产养殖系统中使用的生物过滤器是防控疫病的关键点。生物过滤器的作用是通过维持有益菌菌落来提高水质。有利于有益菌群繁殖的条件也会有利于病原体生存,消毒生物过滤器通常无法做到不破坏有益菌群。因此,制订生物过滤器消毒计划时,应考虑到潜在的水质问题。

消毒生物过滤器及其基质时应将系统排干,清除有机残留物,并清洁表面。消毒生物过滤系统可通过改变水的pH(使用酸性或碱性溶液)。进行此操作时,pH须足以灭活病原体,但不应对生物滤池系统水泵和仪器等造成腐蚀。也可将生物滤池完全拆卸,去除生物滤池底物,另使用消毒剂单独清洗。采取紧急应对措施时,建议采用后一种做法。如不能对滤池底物进行有效消毒,则应更换底物。在清空后重新投放苗种前,应将生物过滤系统彻底清洗。

9.饲养和捕捞设备

水产养殖场的饲养和捕捞设备与水生动物直接接触,有可能被污染,如分级机、自动免疫接种器和鱼用泵等。

本法典第4.3.4条所述一般原则适用于饲养和捕捞设备的消毒。应对每一设备进行检查,确定与水生动物直接接触部位和有机物质堆积部位。如有必要,应将设备拆卸,用消毒剂进行消毒,将设备彻底洗净。

第4.3.10条

个人防护装备

消毒个人防护装备应考虑使用时的污染可能性和程度。如可行,个人防护装备应定点使用,以避免经常消毒。

应选择不吸水、易清洗的个人防护装备。所有进入生产区的员工均应穿戴清洁、无污染的防护服。进出生产区域应清洁和消毒工作鞋靴，清除鞋靴上积聚的有机物和污垢。足浴池中的消毒液应能覆盖鞋靴，消毒液应不会被有机物灭活并定期更换。

某些个人防护装备（如潜水设备）不易消毒，且会在不同地点使用，还易发生化学腐蚀，所以需特别注意对这类装备的消毒。经常冲洗可减少有机物积聚，提高消毒效果。洗净后应彻底干燥，避免有利于病原体滋生的潮湿微环境。

第4.3.11条

水的消毒

水产养殖场所需对进水和出水进行消毒以消除病原体。需根据消毒目的和待消毒水的特性，选择最合适的消毒方法。

使用消毒剂前，须从待处理的水中移出水生动物，并去除悬浮物。病原体会附着在有机和无机物上，去除悬浮物可显著减少水中病原体含量。过滤或沉降可去除悬浮固体。合适的过滤系统取决于水的初始质量、过滤量、资金、成本和可靠性。

消毒水通常使用物理（如紫外线照射）、化学（如臭氧、氯和二氧化氯）消毒方法。消毒前应除去悬浮物，因为有机物可能会抑制氧化消毒过程，悬浮物会降低紫外线穿透率，降低紫外线照射效果。不同消毒方法如具有协同作用或需重复消毒时，则联合使用不同消毒方法会大有益处。

必须检查对水的消毒效果。可通过直接检测病原体、间接检测指示性生物或消毒剂残留水平等进行管理。

合理管理化学消毒剂残留可避免对水生动物产生毒性。例如，臭氧和海水之间形成的残留物（如溴化物）对处于早期生长阶段的水生动物有毒性。过滤去除这些残留物可使用活性炭，从水中去除残余氯应通过化学失活或放气的方法。

注：于2009年首次通过，于2017年最新修订。

附录2　三类动物疫病防治规范

为做好三类动物疫病防治工作，促进养殖业发展，依据《中华人民共和国动物防疫法》，制定本规范。

1　适用范围

本规范所指三类动物疫病是《一、二、三类动物疫病病种名录》（中华人民共和国农业农村部公告第573号发布）中所列的三类动物疫病。

本规范规定了三类动物疫病的预防、疫情报告及疫病诊治要求。

本规范适用于中华人民共和国境内三类动物疫病防治的相关活动。

2　疫病预防

2.1　从事动物饲养、屠宰、经营、隔离、运输等活动的单位和个人应当加强管理，保持畜禽养殖环境卫生清洁、通风良好、合理的环境温度和湿度；确保水生动物养殖场所具有合格水源、独立进排水系统，保持适宜的养殖水环境。

2.2　从事动物饲养、屠宰、经营、隔离、运输等活动的单位和个人应当建立并执行动物防疫消毒制度，科学规范开展消毒工作，及时对病死动物及其排泄物、被污染的饲料、垫料等进行无害化处理。

2.3　从事动物饲养、屠宰、经营、隔离等活动的单位和个人应控制车辆、人员、物品等进出，并严格消毒。

2.4 动物饲养场和隔离场所、动物屠宰加工场所以及动物和动物产品无害化处理场所应当取得动物防疫条件合格证；经营动物、动物产品的集贸市场应当具备相应动物防疫条件。

2.5 应使用营养全面、品质良好的饲料。畜禽养殖应使用清洁饮水，鼓励采取全进全出、自繁自养的饲养方式。

2.6 养殖场户可根据本地区疫病流行情况，合理制定免疫程序，对危害严重的疫病实施免疫。

2.7 养殖场户应根据国家和本地区的动物疫病防治要求，主动开展疫病净化工作。

2.8 饲养种用、乳用动物的单位和个人，应按照相应动物健康标准等规定，定期开展动物疫病检测；检测不合格的，应当按照国家有关规定处理。

3 疫情报告

3.1 从事动物饲养、屠宰、经营、隔离、运输等活动的单位和个人发现动物患病或疑似患病时，应当立即向所在地农业农村主管部门或者动物疫病预防控制机构报告，并迅速采取消毒、隔离、控制移动等控制措施，防止动物疫情扩散。其他单位和个人发现动物患病或疑似患病时，应当及时报告。

3.2 执业兽医、乡村兽医以及从事动物疫病检测、检验检疫、诊疗等活动的单位和个人在开展动物疫病诊断、检测过程中发现动物患病或疑似患病时，应及时将动物疫病发生情况向所在地农业农村主管部门或者动物疫病预防控制机构报告。

3.3 县级以上动物疫病预防控制机构应每月汇总本行政区域内动物疫情信息，经同级农业农村主管部门审核后逐级报送，畜禽疫情报中国动物疫病预防控制中心，水生动物疫情报全国水产技术推广总站。中国动物疫病预防控制中心和全国水产技术推广总站按规定报送农业农村部。

3.4 三类动物疫病发病率、死亡率、传播速度出现异常升高等情况，或呈暴发性流行时，应当按照动物疫情快报要求进行报告。

4 疫病诊治

4.1 经临床诊断、流行病学调查或实验室检测，综合研判认定为三类动物疫病的，可对患病动物进行治疗。

4.2 对于需使用抗菌药、抗病毒药、驱虫和杀虫剂、消毒剂等进行治疗的，应当符合国家兽药管理规定。药物使用应确保精准，严格执行用药时间、剂量、疗程、休药期等规定，建立用药记录，并保存2年以上。

4.3 治疗畜禽寄生虫病后，应及时收集排出的虫体和粪便，并进行无害化处理。

4.4 患病水生动物养殖尾水应经无害化处理后再行排放。

4.5 对患病畜禽应隔离饲养，必要时对患病动物的同群动物采取给药、免疫等预防性措施。

4.6 动物疫病诊疗过程中，相关人员应做好个人防护。治疗期间所使用的用具应严格消毒，产生的医疗废弃物等应进行无害化处理。

附录3 新发病例和水产养殖

类别	种类	疑似病名	诊断依据a		水质情况				养殖方式b	养殖模式c	
			临床	实验室	水温(℃)	pH	氨氮(mg/L)	溶解氧(mg/L)		混养	单养
鱼类											
甲壳类											
贝类											
藻类											
其他											
发病时间、地点、过程及主要症状											
已采取的措施											

a.诊断依据：在"临床"或"实验室"栏内打"√"。

b.养殖方式有海水池塘（A1）、海水普通网箱（A2）、海水深水网箱（A3）、海水滩涂（A4）水网箱（B2）、淡水工厂化（B3）、淡水网栏（B4）、淡水其他（B5）。

c.养殖模式：在"混养"或"单养"栏内打"√"。

d.发病种类规格：鱼类、虾类用体长（cm），其他种类用体重（g）。

动植物重大疾病紧急报送表

放养密度（尾／m²）	监测面积（hm²）	发病面积（hm²）	发病面积比例（%）	发病种类规格[d]（cm或g）	监测区域月初存塘量（尾）	发病区域月初存塘量（尾）	死亡数量（尾）	监测区域死亡率（%）	发病区域死亡率（%）

水筏式（A5）、海水工厂化（A6）、海水底播（A7）、海水其他（A8）、淡水池塘（B1）、淡

附录 4 病死水生动物及病害水生动物产品无害化处理规范

1 范围

本文件界定了水生动物无害化处理相关的术语和定义；规定了无害化处理，水体及周围环境处理，使用工具及包装处理，以及人员和消毒的要求；描述了上述各环节记录的内容。

本文件适用于国家规定的病死水生动物、病害水生动物产品、依法扑杀的染疫水生动物，及其他需要进行无害化处理的水生动物及其产品。

2 规范性引用文件

下列文件中的内容通过文中的规范性引用而构成本文件必不可少的条款。其中，注日期的引用文件，仅该日期对应的版本适用于本文件；不注日期的引用文件，其最新版本（包括所有的修改单）适用于本文件。

GB 5085.3 危险废物鉴别标准

GB 8978 污水综合排放标准

GB 16297 大气污染物综合排放标准

GB 18484 危险废物焚烧污染控制标准

GB 18597 危险废物贮存污染控制标准

GB 19217 医疗废物转运车技术要求（现行）

SC/T 7011 水生动物疾病术语与命名规则

3 术语和定义

SC/T 7011 界定的以及下列术语和定义适用于本文件。

3.1 染疫水生动物 diseased aquatic animal

感染农业农村主管部门制定并公布的病种名录中一类、二类水生动物疫病病原体，或感染三类水生动物疫病病原体并呈现临床症状的水生动物。

3.2 病死水生动物 died aquatic animal of illness

染疫死亡、因病死亡、死因不明或者经检验检疫可能危害人体或者动物健康的死亡水生动物。

3.3 病害水生动物产品 diseased aquatic animal product

来源于病死水生动物的产品，或者经检验检疫可能危害人体或者动物健康的水生动物产品。

3.4 无害化处理 biosafety treatment

用物理、化学等方法处理病死水生动物、病害水生动物产品，消灭其所携带的病原体，消除疫病扩散危害的过程。

3.5 高温法 high temperature method

常压或加压条件下，利用高温处理病死水生动物、病害水生动物产品使其变性的方法。

3.6 深埋法 deep burial

按照相关规定，将病死水生动物、病害水生动物产品投入深坑中并用生石灰等消毒，用土层覆盖，使其发酵或分解的方法。

3.7 焚烧法 incineration

在焚烧容器内，将病死水生动物、病害水生动物产品在高温（≥850℃）条件下热解，使其生成无机物的方法。

3.8 化尸池法 decomposing corpse pool

采用顶部设置投放口的水泥池等密封容器，将病死水生动物、病害水生动物产品投入，应用发酵、消毒等处理使其分解的方法。

3.9 化学处理法 chemical treatment

在密闭的容器内，将病死水生动物、病害水生动物产品用甲酸或氢氧化钠（氢氧化钾）在一定条件下进行分解的方法。

4 无害化处理

4.1 收集

收集病死水生动物、病害水生动物产品、依法扑杀的染疫水生动物等无害化处理对象，并称重。

4.2 包装

4.2.1 包装材料应符合密闭、防水、防渗、防破损、耐腐蚀等要求。

4.2.2 包装材料的容积、尺寸和数量应与处理对象的体积、数量相匹配。

4.2.3 包装后应进行密封。

4.2.4 使用后的包装物应定点收集，一次性包装材料应作无害化销毁处理，可循环使用的包装材料应进行清洗消毒（见第6章）。

4.3 暂存

4.3.1 暂存点应有独立封闭的储存空间、冷藏或冷冻设施设备、消毒设施设备。储存区域防渗、防漏、防鼠、防盗，易于清洗和消毒。

4.3.2 应配备专门人员负责暂存点管理、运行、消毒等工作，做好工作记录。

4.3.3 暂存点应设置明显警示标识。

4.3.4 应采用冷冻或冷藏方式进行暂存，防止无害化处理前处理对象腐败。

4.3.5 暂存点及周边环境应每天进行清洗消毒（见第5章）。

4.4 转运

4.4.1 可选择符合 GB 19217 条件的车辆或专用封闭厢式运载车辆。车厢四壁及底部应使用耐腐蚀材料，并采取防水、防渗措施。也可采用封闭式运输车。跨县级以上行政区域运输的，应当具有冷藏功能。运输车辆的标识参照病死动物和病害动物产品的无害化处理相关规定。

4.4.2 应随车配备防护服、手套、口罩、消毒液等应急防疫用品。

4.4.3 车辆驶离暂存、养殖等场所前，应对车轮、车厢外部及作业环境进行消毒。卸载后，转运车辆及相关工具等应进行彻底清洗消毒（见第6章）。

4.5 处理

4.5.1 方法选择

4.5.1.1 少量病死水生动物、病害水生动物产品，可采用高温法进行无害化处理。

4.5.1.2 疫情暴发等原因产生的大量病死水生动物、病害水生动物产品，需要集中处理时，可由县级以上地方人民政府根据当地具体情况和实际条件，组织有关部门和单位采用以下方法：

——深埋法；

——焚烧法；

——化尸池法；

——化学处理法。

4.5.2　高温法

4.5.2.1　技术工艺

高温法的技术工艺如下：

a）可视情况对处理对象进行破碎等预处理。处理物或破碎物体积（长×宽×高）≤125cm^3（5cm×5cm×5cm）；

b）将待处理对象或破碎产物放入普通锅内煮沸1h（从水沸腾时算起）；

c）或将待处理对象或破碎产物放入密闭高压锅内，在112 kPa压力下蒸煮30 min。

4.5.2.2　操作注意事项

操作中应注意如下事项：

a）捕捞、盛放待处理对象的器具均应进行消毒处理；

b）产生的废水应经污水处理系统处理，达到GB 8978的要求。

4.5.3　深埋法

4.5.3.1　选址要求

4.5.3.1.1　掩埋地区应符合国家规定的动物防疫条件，远离居民生活区、生活饮用水水源地、学校、医院等公共场所。

4.5.3.1.2　掩埋地区应与水生动物养殖场所、饮用水源地、河流等地区有效隔离。

4.5.3.2　技术工艺

深埋法的技术工艺如下：

a）深埋坑体容积根据处理水生动物尸体及其产品数量确定；

b）深埋坑底应高出地下水位1.5m以上，要防渗、防漏；

c）坑底洒一层厚度为2cm ~ 5cm的生石灰或漂白粉等消毒药；

d）将处理对象分层放入，每层15cm ~ 20cm，每层加生石灰覆盖，生石灰重量应大于待处理物重量；

e）坑顶部最上层距离地表1.0m以上。用土填埋，应注意填土不要太实，以免尸腐产气、产液导致溢出或渗漏。

4.5.3.3　操作注意事项

深埋后，在深埋处设置醒目的警示标识。同时，立即用漂白粉等含氯制剂、生石灰等消毒剂对深埋场所进行彻底消毒。每周消毒1次，连续消毒3周以上。

4.5.4　焚烧法

4.5.4.1　技术工艺

焚烧法的技术工艺如下：

a）将处理对象或破碎产物投至焚烧炉本体燃烧室，经充分氧化、热解，产生的高温烟气进入二次燃烧室继续燃烧，产生的炉渣经出渣机排出；

b）燃烧室温度应≥850℃。燃烧所产生的烟气从最后的助燃空气喷射口或燃烧器出口到换热面或烟道冷风引射口之间的停留时间应≥2s；

c）二次燃烧室出口烟气经余热利用系统、烟气净化系统处理，达到GB 16297的要求后排放；

d）焚烧炉渣与除尘设备收集的焚烧飞灰应分别收集、储存和运输。焚烧炉渣按一般固体废物处理或作资源化利用；焚烧飞灰和其他尾气净化装置收集的固体废物需按GB 5085.3的要求作危险废物鉴定，如属于危险废物，则按GB 18484和GB 18597的要求处理。

4.5.4.2 操作注意事项

操作中应注意如下事项：

a）严格控制焚烧进料频率和重量，使处理对象能够充分与空气接触，保证完全燃烧；

b）燃烧室内应保持负压状态，避免焚烧过程中发生烟气泄露；

c）二次燃烧室顶部设紧急排放烟囱，在应急时开启。

4.5.5 化尸池法

4.5.5.1 选址要求

4.5.5.1.1 化尸池应符合国家规定的动物防疫条件，远离居民生活区、生活饮用水水源地、学校、医院等公共场所。

4.5.5.1.2 化尸池应与水生动物养殖场所、饮用水源地、河流等地区有效隔离。

4.5.5.2 技术工艺

4.5.5.2.1 将待处理对象逐一从投放口投入化尸池，

有塑料袋等外包装物的，应先去除包装物后投放，投放完毕后，投放消毒剂，关紧投放口门并上锁。拆下的外包装应按4.2.4的规定处理。

4.5.5.2.2 选用下列之一的方法投放消毒剂：

a）按处理对象重量的5%～8%投放生石灰；

b）按处理对象重量的1%撒布漂白粉干剂；

c）按处理对象重量的8%投放氯制剂稀释液，按1：（200～500）比例稀释，或按处理对象重量的0.5%撒布氯制剂干剂；

d）按处理对象重量的8%投放稀释液氧化剂，按1%～2%浓度稀释；

e）按处理对象重量的8%投放季铵盐稀释液，按1：500比例稀释。

4.5.5.2.3 当处理对象投放累加高度距离投放口下沿0.5m时，处理池满载，应予封闭停用。发酵期应达到3个月～12个月。

4.5.5.2.4 消毒后取部分内容物进行实验培养、检验、接种动物试验，确认无菌、无病毒、无污染后，剩余部分如骨头等残渣进行焚烧、深埋处理。

4.5.5.3 操作注意事项

操作中应注意如下事项：

a）化尸池内禁止投放强酸、强碱、高锰酸钾等高腐蚀性化学物质；

b）化尸池由专人管理，投放口必须带锁，平时处于锁闭状态；

c）化尸池周围应明确标出危险区域范围，设置安全隔离带及警示标识；

d）化尸池建设时一定要密封严格；

e）化尸池外表面及其处理场地每天至少消毒一次；

f）处理水生动物的运输工具每装卸一次必须消毒。

4.5.6 化学处理法

4.5.6.1 甲酸分解法

4.5.6.1.1 技术工艺

甲酸分解法的技术工艺如下：

a）可视情况对处理对象进行破碎等预处理。处理物或破碎物体积（长×宽×高）$\leqslant 125cm^3$（$5cm \times 5cm \times 5cm$）；

b）将处理物或破碎产物投至耐酸的水解罐中，加入甲酸（$pH \leqslant 4$），根据处理物重量确定甲酸添加量，使甲酸的使用浓度达到4.5%；

c）密闭水解罐，在$pH \leqslant 4$的条件下至少存储24h，至处理物颗粒大小$\leqslant 10$ mm；

d）加热使水解罐内温度升至85℃，反应时间$\geqslant 25$ min，至罐体内的处理物完全分解为液态；

e）应使用合理的污水处理系统，对液态水解物进行处理，有效去除有机物、氨氮，达到GB 8978的要求后排放。

4.5.6.1.2 操作注意事项

操作中应注意如下事项：

a）处理中使用的甲酸应按国家危险化学品安全管理等有关规定执行，操作人员应做好个人防护；

b）水解过程中要先将水加入耐酸的水解罐中，然后加入浓甲酸；

c）控制处理物总体积不得超过容器容量的70%。

4.5.6.2 碱水解法

4.5.6.2.1 技术工艺

碱水解法的技术工艺如下：

a）可视情况对处理对象进行破碎等预处理。处理物或破碎物体积（长×宽×高）≤125cm³（5cm×5cm×5cm）；

b）将处理物或破碎产物投至合金钢水解罐中，按（2.2～2.3）：1的比例加入氢氧化钠（或氢氧化钾），再按处理物体积的1.5倍加入水，至反应罐体内的碱溶液浓度达到1.5 mol/L～1.6 mol/L；

c）加热使水解罐内升至150℃～180℃，反应时间3h～6h，至罐体内的处理物完全分解为液态；

d）应使用合理的污水处理系统，对液态水解物进行处理，有效去除有机物、氨氮，达到GB 8978的要求后排放。

4.5.6.2.2 操作注意事项

操作中应注意如下事项：

a）处理中使用的氢氧化钠（或氢氧化钾）应按国家危险化学品安全管理等有关规定执行，操作人员应做好个人防护；

b）水解过程中要先将水加入耐碱的水解罐中，然后加入氢氧化钠（或氢氧化钾）；

c）控制处理物总体积不得超过容器容量的70%。

5 水体及周围环境处理

5.1 水体经消毒剂消毒后抽干，对养殖池塘用生石灰（2 250 kg/hm²）消毒、暴晒，并对后续养殖的水生动物进行连续2年的疫病监测。

5.2 对病死动物养殖池塘附近的池埂、道路用浓度为500 mg/L 的漂白粉（含有效氯25%）溶液进行喷洒消毒。

6 使用工具及包装处理

对运输工具用浓度500 mg/L 的漂白粉（含有效氯25%）溶液进行喷洒消毒；对捕捞工具及包装用有效氯含量 ≥ 200 mg/L 的消毒剂进行浸泡。

7 人员和消毒

7.1 对染疫或病死水生动物和相关产品进行收集、暂存、转运、无害化处理操作的工作人员应经过专门培训，并掌握相应的水生动物防疫知识。

7.2 所有人员在进入疫区前，均应穿戴防护装备（如口罩、外套、手套、靴子、围裙等），在离开前进行消毒处理。

7.3 靴子和鞋底的消毒：有效浓度为200 mg/L ～ 250 mg/L 的聚维酮碘浸泡或有效氯为200 mg/L 的氯制剂浸泡25 min。

7.4 手的消毒：清洁后直接喷洒70%酒精溶液消毒，或在佩戴无菌乳胶手套后再喷洒70%酒精溶液消毒乳胶手套表面。

7.5 工作完毕，一次性防护用品应作销毁处理，可循环使用的防护用品应进行消毒清洗。

8 记录

对全程无害化处理过程进行记录，记录表参见附录A（略）。

图书在版编目（CIP）数据

水生动物防疫系列宣传图册．八，水产养殖动物疾病防控指南：试行/农业农村部渔业渔政管理局，全国水产技术推广总站编．—北京：中国农业出版社，2023.5
ISBN 978-7-109-30665-3

Ⅰ.①水… Ⅱ.①农… ②全… Ⅲ.①水生动物－防疫－图册 Ⅳ.①S94-64

中国国家版本馆CIP数据核字（2023）第074855号

水生动物防疫系列宣传图册（八）
SHUISHENG DONGWU FANGYI XILIE
XUANCHUAN TUCE (BA)

中国农业出版社出版
地址：北京市朝阳区麦子店街18号楼
邮编：100125
责任编辑：王金环　　插图：张琳子
版式设计：王　晨　　责任校对：吴丽婷
印刷：中农印务有限公司
版次：2023年5月第1版
印次：2023年5月北京第1次印刷
发行：新华书店北京发行所
开本：850mm×1168mm　1/32
印张：2.25
字数：48千字
定价：28.00元